PLANETA ANIMAL

EL MAPACHE

POR KATE RIGGS

CREATIVE EDUCATION • CREATIVE PAPERBACKS

Publicado por Creative Education
y Creative Paperbacks
P.O. Box 227, Mankato, Minnesota 56002
Creative Education y Creative Paperbacks son marcas editoriales de The Creative Company
www.thecreativecompany.us

Diseño de The Design Lab
Producción de Rachel Klimpel
Dirección de arte de Rita Marshall
Traducción de TRAVOD, www.travod.com

Fotografías de Alamy (agefotostock, Ronald S Phillips, Kevin Schafer), Corbis (W. Perry Conway, Michael Durham/ Visuals Unlimited, Radius Images), Depositphotos (lifeonwhite), Dreamstime (Lukas Blazek, Edwin Butter, Isselee, Tatiana Morozova), Flickr (Fernando Flores), Getty (Martin Harvey, Stan Tekiela Author/Naturalist/Wildlife Photographer), iStock (anouchka), Minden Pictures (Donald M. Jones, Rolf Nussbaumer), Shutterstock (Sonsedska Yulia)

Library of Congress Cataloging-in-Publication Data
Names: Riggs, Kate, author.
Title: El mapache / by Kate Riggs.
Other titles: Raccoons. Spanish
Description: Mankato, Minnesota : Creative Education/ Creative Paperbacks, 2023] | Series: Planeta animal | Includes bibliographical references and index. | Audience: Ages 6-9 | Audience: Grades 2-3 | Summary: "Elementary-aged readers will discover how raccoons solve difficult puzzles. Full color images and clear explanations highlight the habitat, diet, and lifestyle of these fascinating American animals."-- Provided by publisher. Identifiers: LCCN 2022007726 (print) | LCCN 2022007727 (ebook) | ISBN 9781640266964 (library binding) | ISBN 9781682772522 (paperback) | ISBN 9781640008373 (ebook) Subjects: LCSH: Raccoon--Juvenile literature. Classification: LCC QL737.C26 R5418 2023 (print) | LCC QL737.C26 (ebook) | DDC 599.76/32--dc23/ eng/20220222 LC record available at https://lccn.loc.gov/2022007726 LC ebook record available at https://lccn.loc.gov/2022007727

Tabla de contenido

Animalito enmascarado 4
Tipos y tamaños 7
Dieta 12
Vida familiar 15
Criatura astuta 20

Un cuento del mapache 22
Índice 24

El mapache común es un animal de Norteamérica. Luce como si llevara un antifaz. Se puede encontrar en los patios traseros y en el campo. Vive en bosques y ciudades.

El mapache usa sus patas para alcanzar y agarrar cosas.

También hay otros tipos de mapaches. El mapache pigmeo vive en la isla de Cozumel, en México. El mapache cangrejero se encuentra en Centroamérica y Sudamérica. Todos los mapaches tienen pelaje negro alrededor de los ojos. En sus colas esponjosas tienen anillos de pelaje de diferente color.

Mapache pigmeo (izquierda); mapache cangrejero (arriba)

Los mapaches pueden ser de muchos tamaños diferentes. Los mapaches más comunes pesan entre 8 y 20 libras (3,6–9,1 kg). En invierno, los mapaches adelgazan. Pueden escurrirse por espacios estrechos.

Un hoyo en un árbol es una buena madriguera para el mapache.

Los restos de comida humana en la basura pueden ser un platillo fácil.

El mapache es **nativo** del continente americano. Le gusta vivir cerca de los árboles y el agua. Muchas personas ven mapaches cerca de sus casas, por la noche. Los mapaches de ciudades y parques buscan alimento en la basura.

nativo que proviene de un lugar determinado

El mapache come lo que sea que pueda encontrar. Sus patas delanteras son como manos. Puede abrir contenedores. Puede escarbar en el lodo. El mapache frota y limpia sus alimentos antes de comérselos.

El mapache come de todo, incluyendo cacahuates (arriba) y huevos (derecha).

Las crías se quedan en madrigueras altas, alejadas del suelo, durante varias semanas.

La hembra tiene de dos a cinco **crías**. Las crías nacen con un antifaz. El resto de su pelaje es de un color más claro. Se esconden en madrigueras. Las crías aprenden a buscar comida. Su madre les enseña a alejarse de los **depredadores**.

crías mapaches bebés

depredadores animales que matan y se comen a otros animales

Los linces, los coyotes y otros animales cazan mapaches pequeños. Los automóviles también pueden ser peligrosos. Los mapaches corren rápidamente para escapar. Pueden correr a una velocidad de hasta 15 millas (24,1 km) por hora.

Los ruidos fuertes y las luces brillantes pueden asustar a los mapaches.

La mayoría de los mapaches viven de tres a cuatro años en la naturaleza. Tienen zonas llamadas áreas de campeo. A veces, las hembras y sus pequeños viven juntos. Hasta cuatro machos pueden compartir un área de campeo.

El mapache está acostumbrado a sobrevivir en familias y grupos.

El mapache busca comida donde sea que vaya. ¡Mantén tus botes de basura tapados! El mapache escarba entre la basura para encontrar bocadillos. Este animal nocturno es bueno para resolver problemas.

Las cajas con tapa, los cerrojos y los picaportes no son un obstáculo para el mapache.

Un cuento del mapache

Los indígenas norteamericanos de las Grandes Llanuras contaban una historia sobre por qué los mapaches tienen un antifaz. Hace mucho tiempo, el mapache le jugó una broma al cangrejo de río. Se quedó tan quieto que el cangrejo de río creyó que estaba muerto. Por quedarse acostado así tanto tiempo, el mapache se quedó dormido. Cuando despertó, ¡estaba en un hoyo abajo de una fogata! Se frotó los ojos con las patas llenas de hollín y, desde entonces, lleva un antifaz.

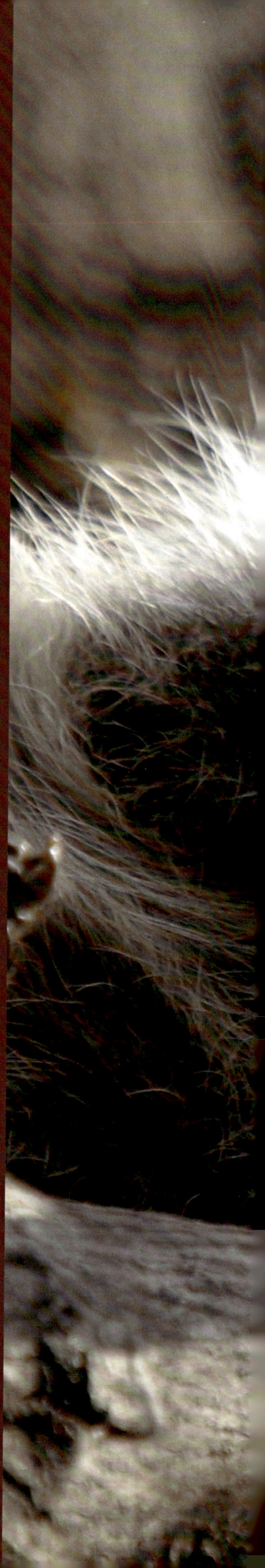

Índice

alimento 11, 12, 15, 20
áreas de campeo 19
ciudades 4, 11
Continente americano 4, 7, 11
crías 15
depredadores 15, 16
madrigueras 15
marcas 4, 7, 15
patas 12
pelaje 7, 15
tamaños 8
tipos 4, 7, 8